停不不来的

的

数学思维游戏

● 矩形大切分 ●

[日] 稻叶直贵 著

杜雪 译

中信出版集团 | 北京

图书在版编目（CIP）数据

停不下来的数学思维游戏. 矩形大切分 /（日）稻叶
直贵著；杜雪译 . -- 北京：中信出版社，2022.3
　　ISBN 978-7-5217-3864-3

　　Ⅰ.①停… Ⅱ.①稻…②杜… Ⅲ.①数学—少儿读
物 Ⅳ.① O1-49

　　中国版本图书馆 CIP 数据核字 (2021) 第 270814 号

停不下来的数学思维游戏·矩形大切分

著　　者：[日] 稻叶直贵
译　　者：杜雪
出版发行：中信出版集团股份有限公司
　　　　　（北京市朝阳区惠新东街甲4号富盛大厦2座　邮编　100029）
承　印　者：北京启航东方印刷有限公司

开　　本：787mm×1092mm　1/16　　　印　　张：2.25　　　字　　数：30千字
版　　次：2022年3月第1版　　　　　　印　　次：2022年3月第1次印刷
京权图字：01-2021-7087
书　　号：ISBN 978-7-5217-3864-3
定　　价：118.00元（全6册）

出　　品：中信儿童书店
图书策划：橡果童书　　　　　　　策划编辑：常青　于淼　　　　责任编辑：孙婧媛
营销编辑：张琛　　　　　　　　　装帧设计：李然　　　　　　　内文排版：李艳芝

游戏说明

请沿网格线将下面的网格图切分成多个矩形（长方形），
使所得各矩形中所含方格数量与图下所示数量相同。

例题

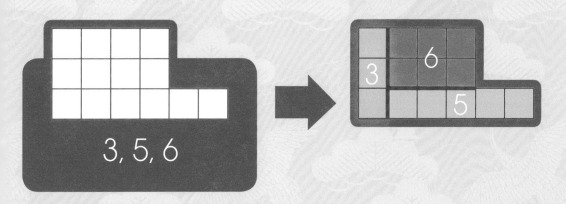

每个题目只有一个答案。

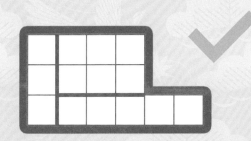

被切分后的
每个部分都是矩形。

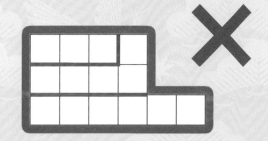

这是错误的，
因为有的不是矩形。

3, 6, 9

5, 8, 9

4, 6, 12

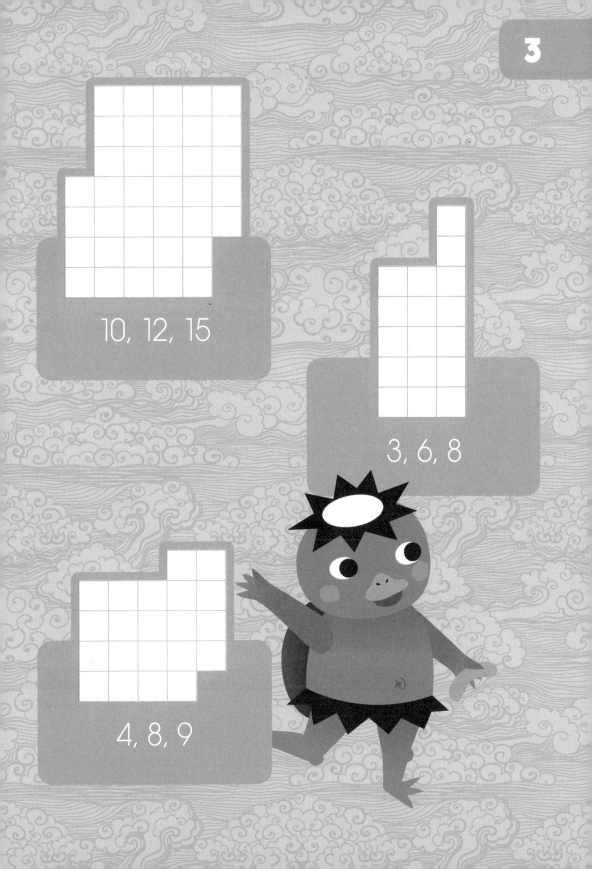

10, 12, 15

3, 6, 8

4, 8, 9

4

2, 3, 4, 5

6, 10, 20, 30

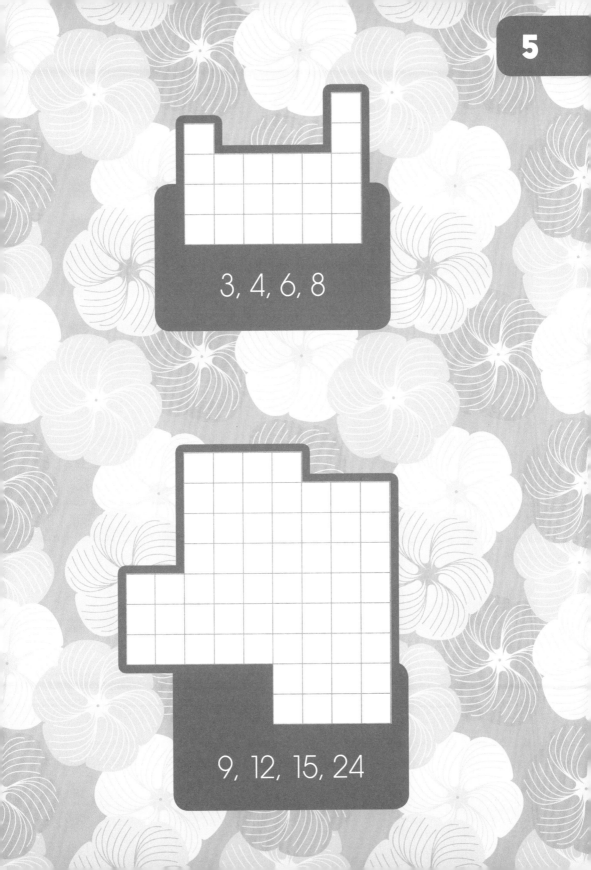

3, 4, 6, 8

9, 12, 15, 24

6

3, 4, 9, 12

8, 12, 16, 36

3, 6, 10, 18

8, 14, 18, 20

4, 6, 8, 12

6, 8, 10, 18

4, 5, 6, 8

9, 10, 15, 16

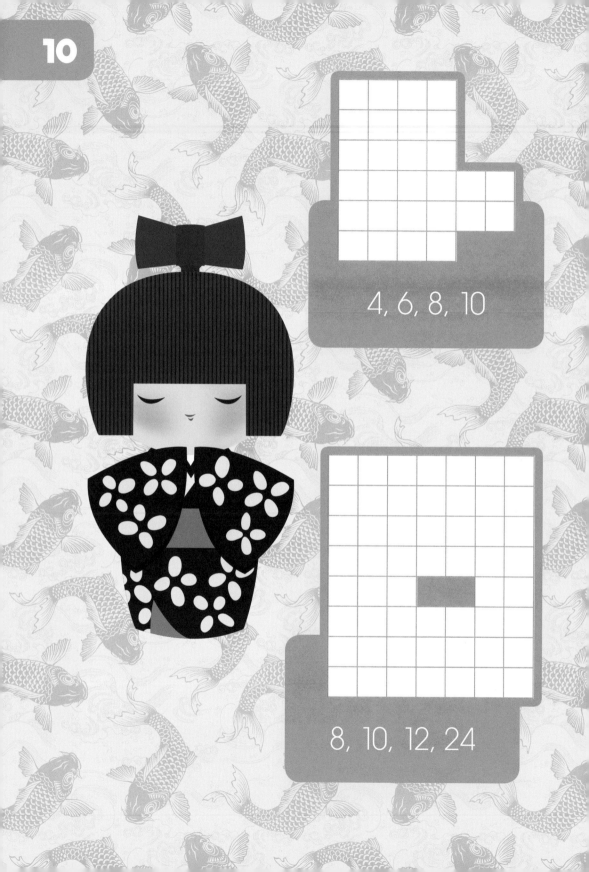

4, 6, 8, 10

8, 10, 12, 24

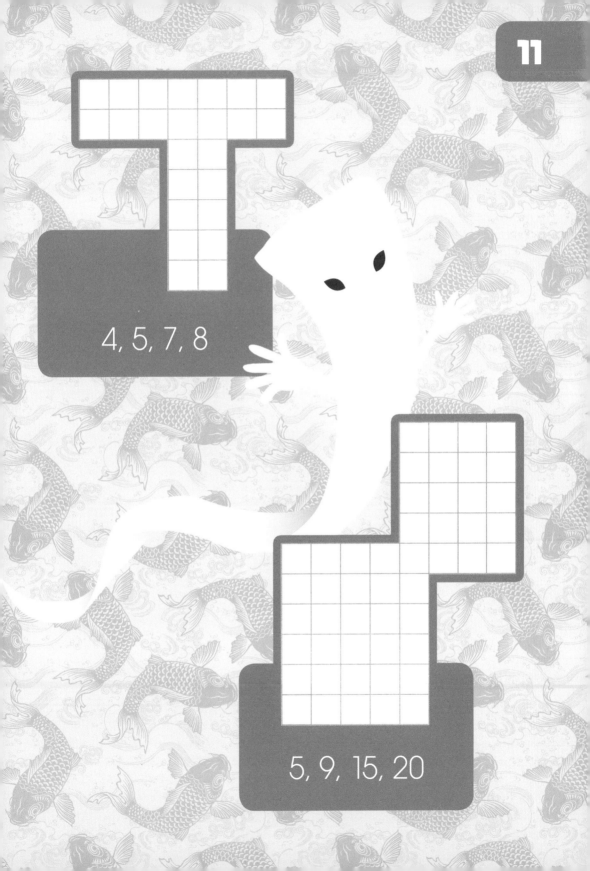

4, 5, 7, 8

5, 9, 15, 20

5, 6, 8, 9

6, 8, 12, 20

6, 8, 10, 12

4, 7, 8, 12

14

4, 8, 12, 16

9, 12, 15, 18

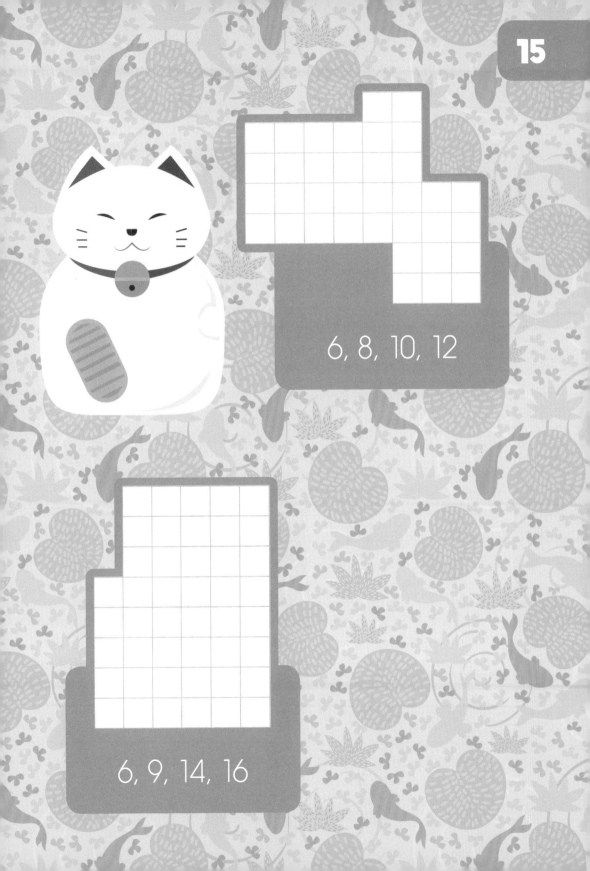

15

6, 8, 10, 12

6, 9, 14, 16

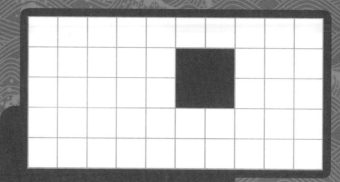

4, 10, 12, 20

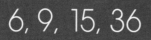

6, 9, 15, 36

16

6, 10, 16, 24

6, 8, 9, 15

5, 8, 10, 16

9, 12, 16, 20

3, 8, 9, 18

4, 12, 14, 15

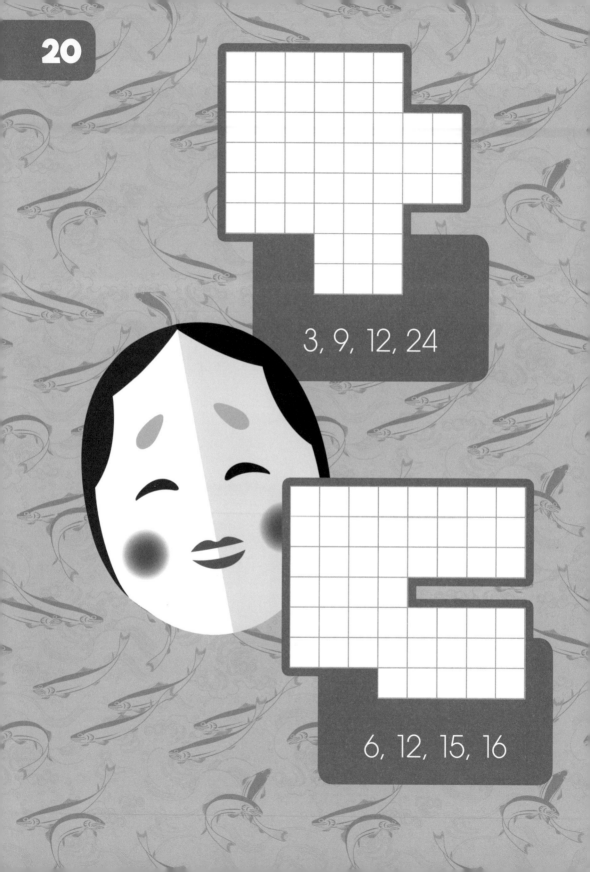

3, 9, 12, 24

6, 12, 15, 16

7, 15, 16, 20

3, 10, 15, 16

1, 6, 9, 10, 12

7, 14, 21, 27, 30

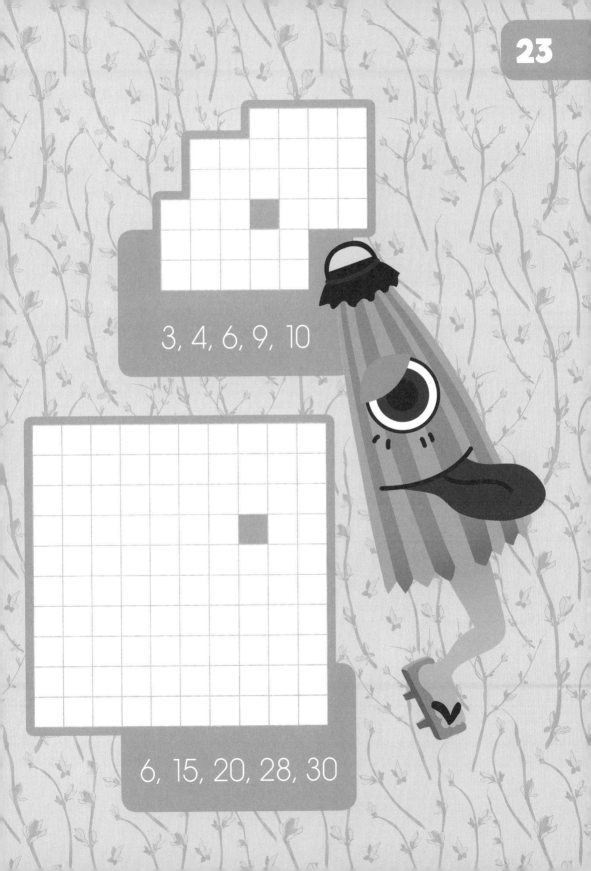

3, 4, 6, 9, 10

6, 15, 20, 28, 30

5, 8, 9, 12, 20

4, 5, 6, 7, 8, 9

5, 6, 7, 8, 9

8, 14, 16, 18

8, 10, 15, 20, 30

8, 12, 14, 21, 24

27

4, 10, 12, 15, 16

4, 14, 16, 20, 21

6, 7, 8, 9, 10

2, 10, 12, 15, 20

答案

第2页

第3页

第4页

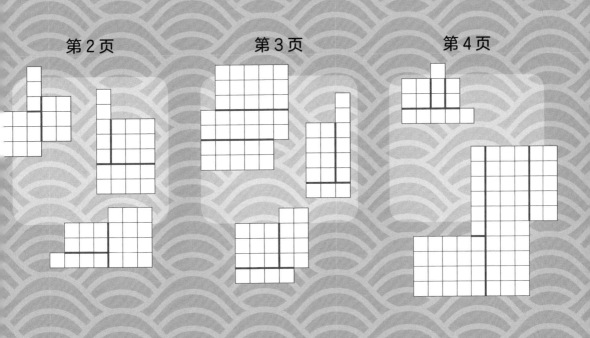

第5页

第6页

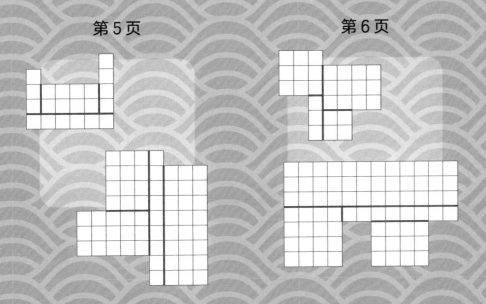

第 7 页

第 8 页

第 9 页

第 10 页

第 11 页

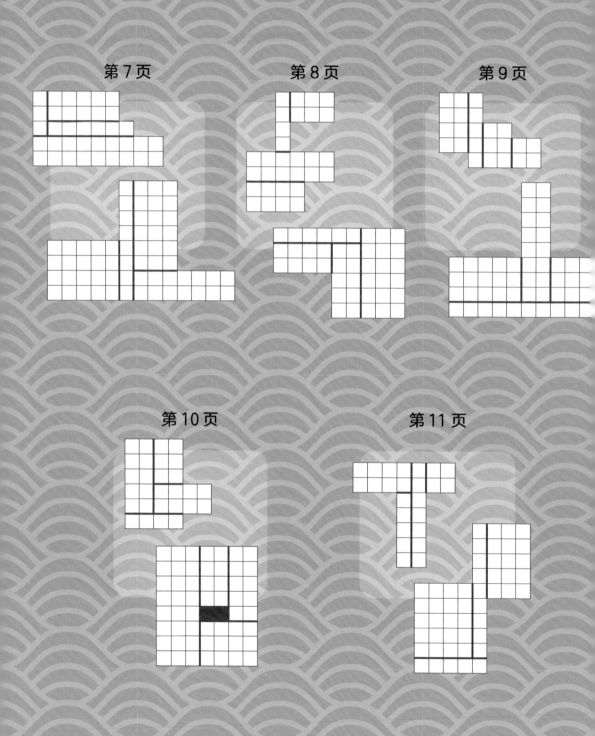

第12页 第13页 第14页

第15页 第16页

第17页

第18页

第19页

第20页

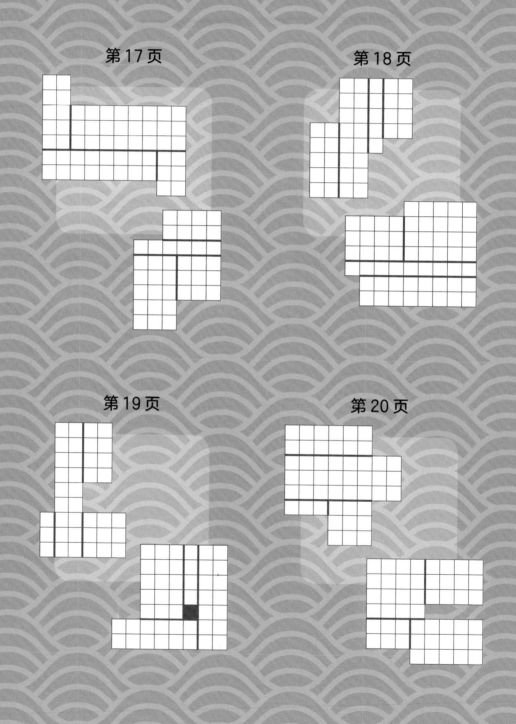

第 21 页

第 22 页

第 23 页

第 24 页

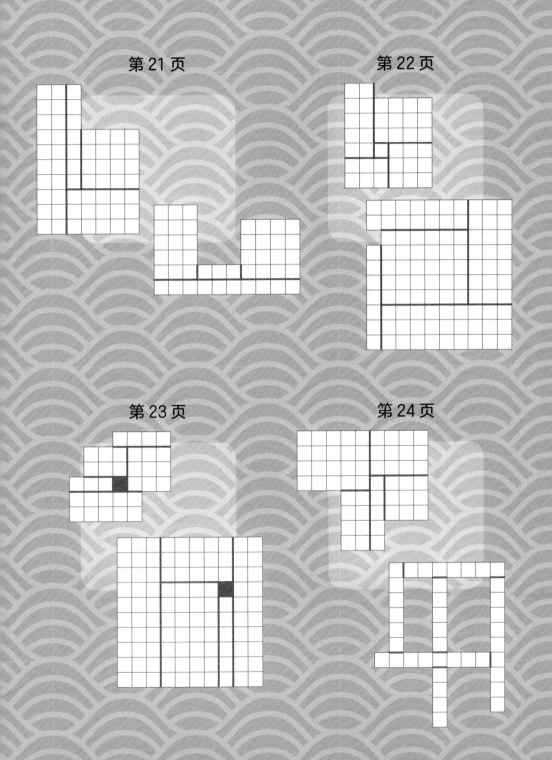

第 25 页　　　　第 26 页

第 27 页　　　　第 28 页

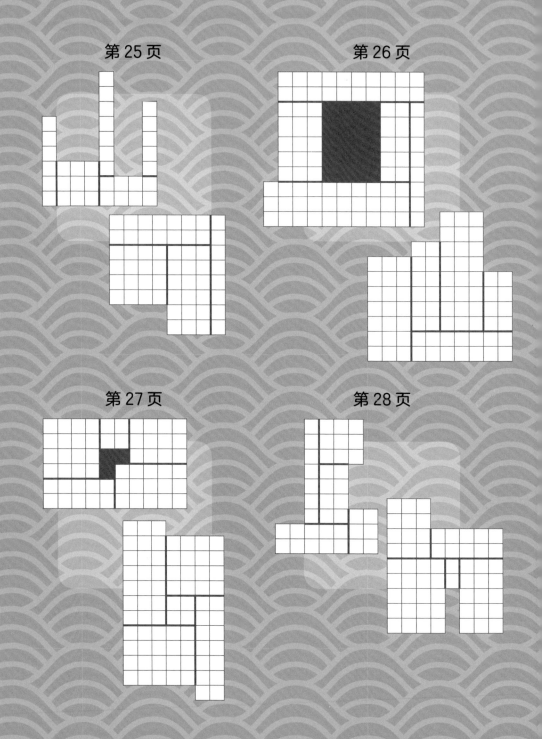